"十一五"国家重点图书出版规划项目

数学文化小丛书

李大潜　主编

从赵爽弦图谈起

李文林

高等教育出版社·北京

图书在版编目（CIP）数据

从赵爽弦图谈起/李文林. —北京：高等教育出版
社，2008.5 (2024.1重印)
（数学文化小丛书/李大潜主编）
ISBN 978-7-04-023611-8

Ⅰ.从… Ⅱ.李… Ⅲ.数学—普及读物 Ⅳ.O1-49

中国版本图书馆 CIP 数据核字（2008）第 057187 号

项目策划　李艳馥　李　蕊

策划编辑	李　蕊	责任编辑	崔梅萍	封面设计	王凌波
责任绘图	杜晓丹	版式设计	王艳红	责任校对	金　辉
责任印制	田　甜				

出版发行	高等教育出版社	咨询电话	400-810-0598
社　　址	北京市西城区德	网　　址	
	外大街4号	http://www.hep.edu.cn	
邮政编码	100120	http://www.hep.com.cn	
印　　刷	中煤（北京）印务	网上订购	
	有限公司	http://www.landraco.com	
开　　本	787×960 1/32	http://www.landraco.com.cn	
印　　张	2.375	版　　次	2008年5月第1版
字　　数	40 000	印　　次	2024年1月第17次印刷
购书热线	010-58581118	定　　价	7.00 元

本书如有缺页、倒页、脱页等质量问题，请到所购图书销售部门联系
调换。
版权所有　侵权必究
物 料 号　23611-00

数学文化小丛书编委会

数学文化小丛书总序

整个数学的发展史是和人类物质文明和精神文明的发展史交融在一起的。数学不仅是一种精确的语言和工具，不仅是一门博大精深并应用广泛的科学，而且更是一种先进的文化。它在人类文明的进程中一直起着积极的推动作用，是人类文明的一个重要支柱。

要学好数学，不等于拼命做习题、背公式，而是要着重领会数学的思想方法和精神实质，了解数学在人类文明发展中所起的关键作用，自觉地接受数学文化的熏陶。只有这样，才能从根本上体现素质教育的要求，并为全民族思想文化素质的提高夯实基础。

鉴于目前充分认识到这一点的人还不多，更远未引起各方面足够的重视，很有必要在较大的范围内大力进行宣传、引导工作。本丛书正是在这样的背景下，本着弘扬和普及数学文化的宗旨而编辑出版的。

为了使包括中学生在内的广大读者都能有所收益，本丛书将着力精选那些对人类文明的发展起过重要作用、在深化人类对世界的认识或推动人类对世界的改造方面有某种里程碑意义的主题，由学有专长的学者执笔，抓住主要的线索和本质的内容，由浅入深并简明生动地向读者介绍数学文化的丰富内涵、数学文化史诗中一些重要的篇章以及古今中外一些著名数学家的优秀品质及历史功绩等内容。每个专题篇幅不长，并相对独立。视页码的多少，有的专题单独成册，有些专题则联合成册，以易于阅读、便于携带且尽可能降低书价为原则。

希望广大读者能通过阅读这套丛书，走近数学、品味数学和理解数学，充分感受数学文化的魅力和作用，进一步打开视野，启迪心智，在今后的学习与工作中取得更出色的成绩。

李大潜

2005年12月

目　　录

2002年8月20日,北京庄严的人民大会堂,第24届国际数学家大会开幕式在这里隆重举行. 大会主席台紫色的帷幕中央,悬挂着本届国际数学家大会会标(图1),中心图案是四个红色三角形拼成的正方形,像一只旋转的风车,欢迎着来自世界各地的数学家. 这一中心图案的原型是公元3世纪中国数学家赵爽的所谓"弦图". "弦图"运用图形面积的出入相补证明了勾股定理(详见下文),这一简洁优美的证明,与古代希腊数学家对勾股定理的证明东西相映生辉,显示了中国古代数学家的智慧与成就. 经过艺术处理的弦图,因而被选作北京国际数学家大会的会徽,随着2002年国际数学家大会的成功举行,经各国代表传扬全球四方.

图 1

一、赵爽弦图

我们就从赵爽"弦图"谈起. 赵爽, 东汉末至三国时代人, 其生平已无从详考, 但我们知道他曾为现存最早的古代中国数学著作《周髀算经》撰序作注. 赵爽在序言中说自己根据《周髀算经》的文字内容画了一组图, 插在书中借以揭示古人测天的奥秘. 他称这组插图叫"勾股圆方图", 其中第一幅即"弦图". 翻开传世的《周髀算经》, 我们可以找到那张历尽数千年沧桑的"弦图"(图2): 由四个红色的三角形(图中标示"朱实"的部分, 古语"朱"即红色, "实"指面积)拼成的一个大正方形, 中间围着一个黄色的小正方形(图中标示"黄实"的部分).

弦图证明勾股定理

这张"弦图"是什么意思呢? 请看赵爽本人的说明. 原来赵爽在"勾股圆方图"之后给出了一段注文, 这段注文通常也称"勾股圆方图说", 其开门见山第一句是:

"勾股各自乘, 并之为弦实, 开方除之, 即弦."

如果用 a 表示"勾", b 表示"股", c 表示"弦", 这句话就相当于说

$$a^2 + b^2 = c^2 和 \sqrt{a^2 + b^2} = c$$

图 2

这正是勾股定理的一般形式!赵爽紧接着解释他的"弦图"道:

"案弦图,又可以勾股相乘为朱实二,倍之为朱实四,以勾股之差自相乘,为中黄实,加差实亦成弦实."

意思是说,勾股相乘(ab)等于两个红色三角形的面积(朱实二: $2 \times \frac{1}{2}ab$),其二倍($2ab$)就等于四个红色三角形的面积(朱实四: $4 \times \frac{1}{2}ab$). 勾股之差($b-a$)自乘($(b-a)^2$),等于中央黄色小正方形的面积(中黄实),与前面的四个红色三角形拼在一起恰好等于以弦为边的大正方形的面积(弦实). 用公式表示,这相当于指出

$$2ab + (b-a)^2 = 4 \times \frac{1}{2}ab + (b-a)^2 = c^2,$$

但另一方面

$$2ab + (b-a)^2 = a^2 + b^2,$$

这就证明了勾股定理.

最后这一步如果用代数符号运算是很明显的:

因为 $(b-a)^2 = a^2 - 2ab + b^2,$

所以 $2ab + (b-a)^2 = 2ab + (a^2 - 2ab + b^2)$
$$= a^2 + b^2.$$

但在赵爽时代,数学家们不会那样去做.赵爽应该是通过面积移补的办法来论证这一点的.如图3,由以勾为边的正方形(a^2)与以股为边的正方形(b^2)合起来的图形($a^2 + b^2$),将左、右下角的两个三角形($\frac{1}{2}ab$)分别移补到所示位置,显然就得到以弦为边的正方形.

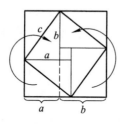

图 3

上面介绍的赵爽勾股定理证明,被美国数学史家、哈佛大学教授库里奇称为"最省力的证明"[1],而

---

[1] J.L.Coolidge, *A History of Geometrical Methods*, Oxford, 1940

西方希腊数学史权威学者希思则指出这一论证与希腊几何学的思想方式有着"完全不同的色彩"①.

商高答周公

我们已经提到过赵爽是在为《周髀算经》作注.《周髀算经》大约成书于公元前2世纪的西汉时期,但其涉及的数学、天文知识,有些却可以远溯至公元前11世纪的西周年间. 它从数学上讨论了宇宙的"盖天"模型,反映了中国古代数学与天文学的密切联系,其中的数学成就尤以勾股定理及其在天文测量中的应用最为突出. 事实上,书中既有勾股定理的特例,也包含了一般形式的勾股定理的陈述.

《周髀算经》卷上记载了周公与大夫商高讨论勾股测量的一段对话:

周公问:"没有梯子可供我们上天,又没有一把合适的尺子可供我们量地,那么,怎么确定天有多高、地有多广呢?"

商高答:"办法是有的,那就是利用勾、股、弦之间的关系,即勾三、股四、弦五."

在这一问一答间,学者商高以举例形式向统治者周公介绍了一条数学定理,即勾股定理. 值得注意的是,商高在"勾三、股四、弦五"之后,紧接着说了下面这样一段话:

"既方之,外半其一矩,环而共盘,得成三、四、五. 两矩共长二十有五,是为积矩."

---

① T. Heath, *The Thirteen Books of Euclid's Elements*, p.355, Cambridge, 1926

这段话已引发了许多的讨论. 我们认为, 前面介绍的赵爽弦图所给出的勾股定理证明, 很可能实际上就是对上述商高这段文字的诠释.

陈子与勾股定理一般形式

周公姬旦是周武王之弟, 曾做过摄政王, 上述这段对话应该是发生在公元前11世纪的事情. 在《周髀算经》卷上另一处更进一步叙述了周公后人、贵族荣方与学者陈子的对话:

荣方: 听说用先生的方法能知道太阳的高度与圆径, 以及日光照射的范围; 能推算太阳日行度数及冬、夏至时分. 凡人目所及, 日光所达, 星宿的位置, 天地之广袤, 用先生的方法无所不晓, 是不是这样呢?

陈子: 是这样.

荣方: 我虽然缺乏悟性, 但愿向先生请教. 您看像我这样的人能学会这种方法吗?

陈子: 能. 这方法的奥妙全在于数学的运用. 您已学习了足够的数学知识, 只是还需要用心思考, 才能明白其中的道理.

荣方回去百思仍不得其解, 经反复请求, 陈子向他详细解释了自己的方法, 陈子的论述很长, 其中最关键之处是这样一句话(图4):

"勾股各自乘, 并而开方除之, 得邪至日. "

这与前面提到的赵爽"勾股圆方图说"中的叙述一致, 是一般的勾股定理, 只不过在这里是以从天文测量总结出来的普遍规律的形式出现而已.

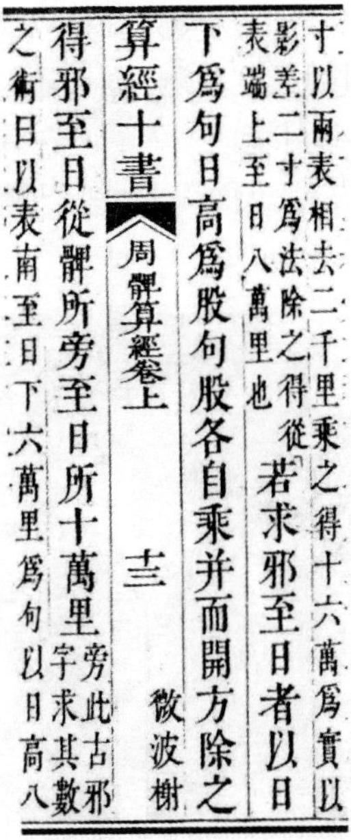

寸以兩表相去二千里乘之得十六萬爲實以影差二寸爲法除之得從表端上至日八萬里也若求邪至日者以日下爲句日高爲股句股各自乘并而開方除之得邪至日從髀所旁至日所十萬里旁此古邪字求其數之術日以表南至日下六萬里爲句以日高八

算經十書　《周髀算經卷上　十三　微波榭

图 4 《周髀算经》中的勾股定理

勾股定理与量天测地

荣方和陈子生活于公元前7—6世纪, 大约与古希腊发现勾股定理的毕达哥拉斯同时代. 我们已经看到, 中国古代勾股定理的发现与天文测量密切相关. 在以农耕为基础的古代社会, 观天授时, 事关国计民生, 比较精密的天文测量与计算, 很自然受到统治者和学者们的共同关注. 周公是历史上有名的政治家, 在周代初期, 辅佐三代君主, 平叛克乱, 励精图治, 制礼乐, 建典章, 发展生产, 兴办教育, 对周王朝的兴盛有开山之功. 从《周髀算经》的记载可以看出, 周公十分重视天文观测, 据说还亲自测量太阳的影长. 在河南登封境内, 至今还立有一座测量日影的古代圭表(图5), 上面刻着"周公测影台"字样, 以纪念这位政治家的贡献.

图 5　周公测影台

根据《周髀算经》, 周公测日的方法大致是这样的: 先后两次测量同一圭表在不同处的日影长, 然后用公式

日高 = (表高 × 表距)/影差 + 表高

算出日高. 日高公式怎么来的?《周髀算经》没有说. 赵爽为《周髀算经》作注时, 画了一幅"日高图"并附有图说, 实际是对日高公式的证明. 赵爽原图已佚失, 根据残存但是原始的信息, 利用"出入相补"原理, 可以猜测日高公式的证明.

如图 6(其中 AB 为日高; ED, GF 为表高; DF 为表距; DH, FI 分别为两次测量的日影长), 其中 $\triangle ABI$ 可以看作是由 $\triangle AJI$ 移置而来, $\triangle ACG$ 由 $\triangle AQG$ 移置而来, $\triangle FGI$ 由 $\triangle GRI$ 移置而来. 根据出入相补原理应有:

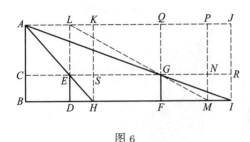

图 6

$\triangle ABI$ 的面积 − ($\triangle ACG$ 的面积 + $\triangle FGI$ 的面积)
= $\triangle AJI$ 的面积 − ($\triangle AQG$ 的面积 + $\triangle GRI$ 的面积),
即　　　矩形 $BFGC$ 的面积 = 矩形 $GRJQ$ 的面积.
同理有　矩形 $BDEC$ 的面积 = 矩形 $ESKL$ 的面积.
两式相减得

　　　矩形 $GRJQ$ 的面积 − 矩形 $ESKL$ 的面积
　　　= 矩形 $DFGE$ 的面积,

从而得　　$(FI - DH) \times AC = ED \times DF$,
亦即　　　影差×(日高−表高)=表高×表距.
这就是日高公式.

　　日高公式可用来测天, 也可借以量地. 比赵爽稍晚的魏晋数学家刘徽就写了一部叫《海岛算经》的著作, 应用勾股定理解决各种测量问题. 其中第一个问题是测量海岛的高度(图7), 刘徽给出了著名的

海岛公式:

　　岛高＝(表高×表距)／ 表目距的差＋ 表高.

显然, 将《周髀算经》中的日高公式改日高为岛高, 就是海岛公式.

图 7　测望海岛图

二、勾股定理证明异趣

勾股定理可以说是人类最早发现、最基本的同时也是应用最广的一条数学定理. 特别有意思的是, 这条定理曾先后在不同地区或国家被不同民族所发现, 因而往往成为一种标志性的文化事件而载入这些地区或国家的文明史.

古代传说

前面已经提到古代中国《周髀算经》中关于勾股定理的记载. 古埃及人没有留下这样明显的记录, 但他们建造了蔚为奇观的金字塔, 并且使塔基直角的误差不超过$12''$, 因而学者们推测那些建造金字塔的古埃及工程师应该掌握包括勾股定理在内的直角三角形知识. 当然这只是推测, 迄今为止人们在古埃及数学文献中并没有找到勾股定理的哪怕是特例形式的陈述.

古代巴比伦则不乏有关勾股定理的记载. 巴比伦泥版文书中甚至出现有系列的"勾股数". 所谓勾股数, 是指满足勾股关系$a^2 + b^2 = c^2$的三数组a, b, c, 这里的a, b, c均为正整数, 也就是说它们表示直角三角形的整数边长. 图8所示就是这样一块有名的泥版文书, 叫"普林顿322", 因一位叫普林顿的美国人收藏编号而得名. 该文书实际是一张表格, 计算考证表明, 文书中间两列的相应数字, 恰好对应地构成具有整数边长的直角三角形的斜边和一条直角边. 这块泥版文书的年代在公元前1600年以前, 当时的巴比伦人为什么对勾股数感兴趣, 这至今仍是一个需要进一步解释的谜.

图 8 记有勾股数的巴比伦泥版文书

在古代印度, 勾股定理的发现与宗教祭祀活动有关. 古印度婆罗门教经典中关于庙宇和祭坛设计的部分叫《绳法经》, 其中有些问题的解法就涉及勾股定理. 如作一个正方形使之等于两已知正方形的和, 《绳法经》给出的作法相当于图9所示, 这表明其作者知道并能灵活应用勾股定理.

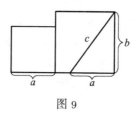

图 9

在西方,最广为流传的则是古希腊数学家毕达哥拉斯(图 10)发现勾股定理的传说.毕达哥拉斯的生平扑朔迷离,既没有关于他的可靠传记,他本人也没有任何著作留世.我们只知道他出生于小亚细亚的萨摩斯岛,年轻时曾游历埃及和巴比伦,可能还到过印度,回希腊后定居今意大利东南沿海的克洛托内,在那里建立了一个秘密会社,即所谓的毕达哥拉斯学派.

据传毕达哥拉斯发现勾股定理之后,学派门人曾宰牛百头,祭神庆祝.但所有这些都仅仅是传说,迄今并没有毕达哥拉斯发现勾股定理的直接证据.尽管如此,几乎所有的西方文献都给这条定理冠上了毕达哥拉斯的名字.

图 10 毕达哥拉斯

地球上不同文明对勾股定理的认识,使科学家们相信它是文明的共同语言,并由此而生遐想:勾股定理能不能也被用来作为与外星文明沟通的信息？比如说在撒哈拉沙漠上筑一个巨大的直角三角形，或向太空发出一连串表示勾股数组的信号，以引起外星智慧生命的注意. 尽管这样的设想在目前尚难实现，但勾股定理对于人类文明的意义却毋庸置疑.

现在回过来说勾股定理的证明. 我们已经介绍过中国古代数学家赵爽的弦图. 事实上, 据统计, 历史上不同时代、不同国别的不同人士曾先后给出过四百多种勾股定理的证明. 一条数学定理, 能够受到如此持久如此广泛的关注并且拥有如此之多的证法, 这不仅在数学史上独一无二, 恐怕在整个文化史上也绝无仅有, 既说明了它的数学意义, 同时反映着它的文化光华. 这四百多种证明, 无疑构成了人类文化史上一道靓丽的风景线. 下面我们再略举几种有代表意义的证法, 以便读者从文化的角度作比较和欣赏.

从毕达哥拉斯到欧几里得

首先来看古希腊. 传说毕达哥拉斯本人对他发现的定理曾给出过证明. 尽管没有任何文字记载, 人们仍然对毕达哥拉斯证明勾股定理的方法作了种种猜测, 其中最广为流传的是约公元2世纪罗马学者普鲁塔克(Plutarch, 约46—120)的猜测. 普鲁塔克的证法相当于面积剖分法, 如图11, 设直角三角形的两直角边与斜边分别为 a, b, c, 以此直角三角形为基础作出两个边长为 $a + b$ 的正方形, 由于这两个正方形内各含有四个与原来的直角三角形全等的三角形, 除去这些三角形后, 两个图形剩余部分的面积显然应该相等, 即第一个图形中以斜边c为边的正方形面积等于第二个图形中以直角边a和b为边的两个正方形面积之和, 这就是勾股定理. 普鲁塔克离毕达哥拉

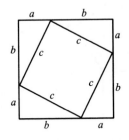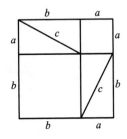

图 11

斯生活的时代已有六七百年, 毕达哥拉斯本人是否确曾证明过勾股定理很值得怀疑. 其实, 就连毕达哥拉斯发现勾股定理的说法本身, 迄今也没有直接的证据. 上述宰牛传说最早出自公元前2世纪学者阿波罗多罗斯(Apollodorus)的《希腊编年史》, 不过阿波罗多罗斯甚至并未说明是哪条定理. 希腊数学史上有明确记载的勾股定理证明, 首先是出现在欧几里得的《原本》之中. 《原本》卷 I 命题47即毕达哥拉斯定理, 欧几里得的证明大致如图12所示:

　　首先证明 　$\triangle ABD \cong \triangle FBC$(边边角),

　　但 　矩形$BL = 2\triangle ABD$(等高等底).

　　同理 　正方形$GB = 2\triangle FBC$,

　　所以 　矩形$BL =$正方形GB.

　　同理可得 　矩形$CL =$正方形AK.

故有　矩形BL+矩形CL=正方形GB+正方形AK.

另一方面　矩形BL+矩形CL=正方形CD,

最后可得　正方形GB+正方形AK=正方形CD.

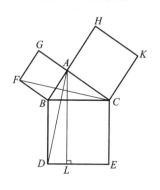

图 12

图 13　欧几里得

上述证明只不过是《原本》中几百条定理的证

明之一, 它代表了欧几里得几何的风格. 希腊数学史上, 欧几里得具有承前启后的作用. 他是希腊论证几何学的集大成者, 他对数学的贡献, 主要体现在他在《原本》中所确立的证明的模式, 即所谓演绎模式, 这种模式要求每个命题必须是在它之前已建立的一些命题的逻辑推论, 而所有这些推理链的共同出发点, 是一些基本定义和被认为是不证自明的基本原理——公设或公理.

关于欧几里得的生平我们知道很少, 根据有限的记载可以推断, 他早年就学雅典, 约公元前300年被托勒玫一世召到亚历山大港, 成为亚历山大数学学派的奠基人. 据说有一次托勒玫王问欧几里得: 学习几何有没有什么捷径? 欧几里得回答这位统治者道:

"几何学无王者之路!"

还有一则轶闻说: 有一个学生来跟欧几里得学习几何学, 刚学了第一个命题就问:

"学了这些我能得到什么? "

欧几里得便叫来一个仆人吩咐道:

"给这位先生三个分币, 然后请他离开. 因为他一心想从学过的东西中捞点什么. "

欧几里得的上述证明借助三角形全等, 环环相扣, 演绎严整; 前面已介绍过的赵爽证明则通过面积移补, 原理简明, 推理直观. 二者可以说是各有千秋, 殊途同归.

从刘徽到关孝和

其实, 无论是欧几里得还是赵爽, 他们的方法都需要有作为推理基础的出发点. 欧几里得《原本》伊始选了一组公理(其中有些叫公设)作为这样的出发点, 而赵爽则依赖于如下简单明了的原理: 一个几何图形(平面的或立体的)被分割成若干部分后, 面积或体积的总和保持不变. 如果说赵爽在证明中还只是隐含地使用这一原理的话, 那么与他几乎同时代的刘徽却作了十分明确的表述.

事实上, 刘徽也提出了勾股定理的一种图证法, 其法记载在他为中国古代另一部数学经典——《九章算术》写的注文中. 我们现在就来看刘徽的证明. 在《九章算术》"勾股"章注中, 刘徽写道: "勾自乘为朱方, 股自乘为青方, 令出入相补, 各从其类, 因就其余不移动也. 合成弦方之幂, 开方除之, 即弦也." 如图14所示, 在直角三角形的勾上作正方形, 染上红色(朱方); 在股上作正方形, 染上青色(青方); 再在弦上作正方形(弦方). 朱方、青方合起来, 与弦方比较, 有一大部分是重合的, 但朱方多出一个小三角形(朱出), 青方多出两个小三角形(青出). 如果能将这多出的三块, 恰好填入弦中不足的部分, 那么二者的面积就相等. 将弦方中不足的大三角形分为两个三角形, 将"朱出"填入"朱入", "青出"填入"青入", 那么正好出入相补! 故勾方(朱方)与股方(青方)之和等于弦方.

"出入相补, 各从其类", 这就是刘徽概括并明确表述的原则, 我们不妨就称之为"出入相补原理".

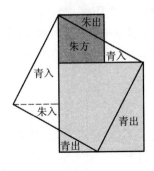

图 14

出入相补方法在古代和中世纪的东方比较流行, 东方数学家们似乎偏爱这种方法. 例如中世纪阿拉伯数学家伊本·库拉(Thabit ibn Qurra, 826—901)也运用出入相补原理证明勾股定理. 观察图15, 伊本·库拉的证法是在由分别以直角三角形两直角边(a, b)为边的正方形拼合的图形中, 将三角形1、梯形2和三角形3分割并移置到上方相应的位置, 就得到一个以弦(c)为边的正方形. 按出入相补原理, 分割移置后的图形的面积应与原图形的面积相等, 亦即

$$a^2 + b^2 = c^2.$$

中世纪的印度数学家也惯于运用出入相补方法. 至晚在12世纪婆什迦罗二世的著作《算法本原》(Bījaganita) 中, 就出现过勾股定理的此种证明. 该书中有一问题是已知直角三角形两直角边而求斜边的问题, 婆什迦罗二世给出求解公式后,

在自注中以两种形式证明了勾股定理. 其一就是利用图16进行的. 在印度, 与此图完全相同的图形也曾经在婆什迦罗一世(公元6世纪初)的著作中出现, 它与赵爽的"弦图"实际如出一辙.

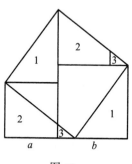

图 15

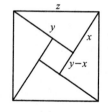

图 16

当然婆什迦罗二世在《算法本原》中还给出了勾股定理的另一种证法, 即利用斜边为底作垂线的方法. 如图 17, 过直角三角形直角顶点A作斜边的垂线AD, 根据射影定理, 得到

$$BD = AB^2/BC,$$

$$DC = AC^2/BC,$$

于是　　$BC = BD + DC = (AB^2 + AC^2)/BC.$

从而　$BC^2 = AB^2 + AC^2$.

婆什迦罗上述证法在17世纪又被英国数学家沃利斯重新发现.

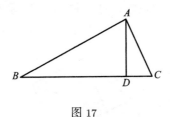

图 17

直到 17 世纪, 被尊为日本"算圣"的关孝和(约1642—1708)在他的专著《解见题之法》(1682)中给出的勾股定理图证, 仍沿用出入相补. 其证法如图 18, 与我国清代数学家李潢(? —1812)在《九章算术细草图说》中为刘徽注勾股术所作注图不谋而合.

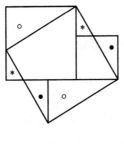

图 18

在所有的数学定理中, 勾股定理大概是被证明次数最多的一条定理. 美国数学家罗密斯(E. S. Loomis)曾刻意搜集勾股定理的各种证明共 367 种并汇编成书[10], 在这些证明中, 有不少是借助面积加减拼补的方法. 图19所示据说是意大利文艺复兴时期的艺术大师和科学巨匠达·芬奇提出的一种勾股定理证明, 你能根据图示复原达·芬奇的证明吗?

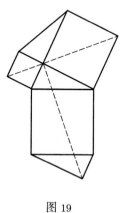

图 19

总统的证明及其他

有意思的是, 在勾股定理的众多证明者中, 还有一位政治家——美国第二十任总统加菲尔德 (J. A. Garfield). 加菲尔德在任众议院议员期间, 曾在《新英伦数学学报》上发表过一个勾股定理的简单证法. 他的证法如图 20 所示: 若直角三角形勾、股、弦分别为 a, b, c 时, 就在图中的等腰 (c) 直角三角形两侧作两直角三角形, 构成以 a, b 为上下底、以 $a+b$ 为高的梯形, 从等式

$$\frac{1}{2}(a+b)(a+b) = 2 \cdot \frac{1}{2}ab + \frac{1}{2}c^2$$

命题得证. 这一证明, 很有点面积拼补的味道.

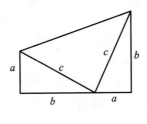

图 20

证明勾股定理的美国总统只有加菲尔德一个, 但对数学感兴趣的美国总统却不只他一人. 美国开国元勋、第三任总统杰弗逊曾亲自关注并推进美国的高等数学教育. 杰弗逊是独立战争的领导人之一, 赫赫有名的《独立宣言》就出自他的手笔.《独立宣言》开宗明义写道:

"我们认为下述真理乃是不言而喻的: 人人生而平等, 造物主赋予他们若干固有而不可让与的权利, 其中包括生存权、自由权以及谋求幸福之权."

这个宣言试图向人们"证明"美国人民反抗大英帝国的压迫、争取独立的斗争是合理的: "所有的人生来都是平等的", 这是不言而喻的真理. 因此, 任何政府如果违背这样的真理, "人民就有权撤换或废除它". 英王乔治的政府不履行这些条款, "我们就从正当的权利出发, 宣布这些联合起来的殖民地是自由的和独立的国家."

把大家认为"不言而喻的真理"作为出发点, 用数学的语言, 就是从公理出发. 事实上, 杰弗逊等领导美国独立战争的思想家、政治家们都接受了欧几里得数学思维的熏陶和影响. 有记载说美国南北战争时期的总统林肯也"相信思维能力像肌肉一样也可以通过严格的锻炼而得到加强", 为此他想方设法搞来一本欧几里得的《原本》, 并下决心亲自证明其中的一些定理, 1860年他还自豪地向公众报告说他已"基本掌握了《原本》的前六卷".

三、出入相补原理

前面介绍了赵爽和刘徽作为证明勾股定理基础的出入相补原理, 即:

一个平面(立体)几何图形被分割成若干部分后, 面积(体积)的总和保持不变.

这一原理, 或者毋宁说是公理, 有着广泛的应用.

运用出入相补原理的杰作

事实上, 赵爽"勾股圆方图说", 可以说是一篇运用出入相补原理的杰作. 短短三百余字, 借助出入相补原理证明了数十条命题或公式. 举例说, 其中有一个已知长方形长宽之和及其面积, 求该长方形的长和宽的问题. 假设长方形的宽和长分别为x和y, 已知长宽和$x + y = 2c$, 面积$xy = a^2$, 亦即$x(2c - x) = a^2$. 根据图21, 赵爽首先推出长宽差之平方为

$$(y - x)^2 = (2c)^2 - 4a^2,$$

即 $\quad y - x = \sqrt{(2c)^2 - 4a^2},$

从而得 $\quad x = \dfrac{1}{2}(2c - \sqrt{(2c)^2 - 4a^2}),$

$$y = \frac{1}{2}(2c + \sqrt{(2c)^2 - 4a^2}),$$

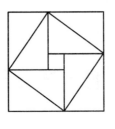

图 21

这相当于给出了二次方程 $x^2 - 2cx + a^2 = 0$ 的以公式

$$\frac{1}{2}(2c \pm \sqrt{(2c)^2 - 4a^2})$$

表示的两个根.

花拉子米与出入相补原理

无独有偶, 中世纪的阿拉伯数学家也是通过面积出入相补来推证二次方程求根公式的. 我们来看一本阿拉伯数学的经典著作——花拉子米《代数学》. 书中分类讨论二次方程的求解, 比方其中的一类 $ax^2 + bx = c$, 花拉子米所举实例之一是: $x^2 + 10x = 39$, 而他用来解释这道题的图证如图22所示: 正方形 AB, 其边长未知, AB 中的每边均表示平方的根. 取 x 的系数10的四分之一, 即 $\frac{5}{2}$, 将它加在原图形四条边的每条边上, 这样, 原有的正方形 AB 上便增补了四个新的长方形, 每个均以方形的边长为长, 以数 $\frac{5}{2}$ 为宽, 它们分别是长方形 C、G、T、K. 现在我们有了一个边长相等但未知的正方形 DH, 而这个正方形的每个角都是一个小正方形, 其面积相当于一个平方, 即 $\frac{5}{2}$ 自乘的积. 为了使方形完整, 必须将 $\frac{5}{2}$ 平方的4倍即25加到已有的图形上. 相加后的总和是64. 这个大正方形的每条边就是它的根, 即8. 如果我们从大正方形 DH 的每条边的两端减去两个10的四分之一, 即5, 那么剩下的每边长为3. 它即是平方的根, 或者说是原图形 AB 的边长.

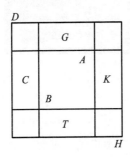

图 22

花拉子米(图23)的上述做法相当于利用面积拼补的方法进行配方, 从而证明二次方程 $ax^2 + bx = c(a, b, c > 0)$ 的一个根为

$$-\frac{b}{2a} + \frac{\sqrt{b^2 + 4ac}}{2a} \qquad (在上述特例中 a = 1).$$

实际上, 在《代数学》这本著作中, 花拉子米运用同样的方法分类证明了二次方程的求根公式.

花拉子米出生于中亚咸海南部的花拉子模城(今乌兹别克斯坦境内的希瓦城), 曾就学中亚古城默夫, 公元813年后受阿拉伯统治者马蒙哈里发聘请来到阿拔斯王朝的首都巴格达, 任职"智慧宫". "智慧宫"

图 23 花拉子米

是马蒙哈里发创建的科学研究机构, 由于阿拉伯帝国的强盛, 它事实上也是当时的国际学术中心, 那里各国学者云集, 东西文化交汇. 花拉子米正是在这样一个宏大的中世纪"科学院"里工作, 著书立说, 并成为领头学者. 花拉子米著述甚丰, 许多已经失传. 《代数学》只是幸存下来的十部著作(包括残缺不全的)之一.《代数学》的阿拉伯原名为《还原与对消计算概要》, 其中"还原"的阿拉伯语"al-jabr", 后演变为拉丁语"algebra", 成为今天"代数"(algebra)一词的来源. 这部具有浓郁东方特色的数学著作在12世纪时被译成拉丁文, 后又被译成英、法、德、俄等多种文字, 对欧洲文艺复兴时期近代数学的形成有很大影响. 它事实上引导了16世纪意大利代数学的重要成就——三、四次代数方程的根式求解.

四、体积计算东西谈

出入相补原理,是中国古代几何的一块基石.不仅勾股定理及其应用的研究,整个平面面积计算都依赖于这条原理.中国古代数学最重要的典籍《九章算术》有两章("方田"和"商功")分别讨论面积和体积计算,其中给出了一系列面积和体积公式,但均没有论证.魏晋数学家刘徽则利用出入相补原理成功地证明了《九章算术》中许多面积公式,然而当他转向体积计算时,却发现"出入相补"的运用即使对于一些简单的立体如棱锥也遇到了很大的困难.刘徽于是另辟蹊径,克服困难,在体积计算方面取得了超越时代的卓越成果.

其实,不只是刘徽,在西方数学史上,希腊先哲如欧几里得、阿基米德,他们在计算立体图形的体积时,也都遇到了同样的障碍,并且各出奇招,绕越障碍,做出了令人惊叹的贡献.

古人在没有微积分工具的情况下,为了在与人们的生活密切相关的体积计算上有所作为,真可谓是八仙过海,各显神通.比如今天连中学生都熟知的锥体积和球体积公式,却倾注着历史上不同民族顶级数学家的智慧,折射着不同文化背景下创造性数学思维的光芒,并且东西异趣,交相辉映.

刘徽的"阳马术"与欧几里得的"魔鬼阶梯"

我们先来看刘徽是怎样证明"阳马"的体积公式的. 所谓"阳马", 是中国古代学者对底面为长方形且有一条棱与底面垂直的锥体的称呼.《九章算术》"商功章"中给出阳马的体积公式为其三条直角边乘积的三分之一, 但没有证明. 刘徽在《九章算术》注文中补出了一个证明, 他的论证是从一长方体出发, 将它斜分成两个"堑堵"[底面为直角三角形的棱柱, 图24(a)], 然后再斜分堑堵得到两个立体图形[图24(b)], 其中一个就是阳马, 另一个叫"鳖臑"(底面为直角三角形且有一棱与底面垂直的棱锥). 刘徽欲证明阳马体积 Y 与鳖臑体积 B 之比为2:1, 由此即可推出阳马体积公式 $Y = \dfrac{1}{3}abc$ (a, b, c 分别为长方体的三边之长). 比率 $Y : B = 2 : 1$ 应该对任意长方体都成立, 刘徽称之为"不易之率", 即对所有长方体保持不变的比率.

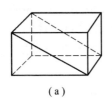 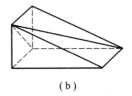

（a）　　　　　　　　（b）

图 24

为了证明这个"不易之率", 刘徽希望能继续利用图形的分割、拼合, 亦即"出入相补". 但正是在这里, 出入相补方法遇到了本质的障碍.

如图 25, 刘徽从长方体 $ABCDEFGH$ 可以得到六个鳖臑——$ACDF$, $CHFG$, $DCEF$, $GBCF$, $CHEF$ 和 $FABC$. 刘徽指出, 在一般情形下(即长、宽、高不相等的情形)这些鳖臑"殊形"(即不全等), 它们拼成的阳马"异体"(亦不全等). 殊形、异体则"不可纯合", 不纯合"则难为之"! 也就是说他意识到了这些鳖臑虽然体积应该相等, 但却不能通过出入相补来证明!

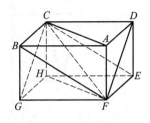

图 25

在感到出入相补无能为力的情况下, 刘徽于是转而求助于极限方法, 用极限过程对他的命题 $Y : B = 2 : 1$ 给出一般的证明. 他的方法记载在《九章算术》阳马术注中, 可以用现代语言表述如下:

如图26, 记上述斜分得到的阳马为 $BDFEC$, 鳖臑为 $BACE$, 取 BD 之中点 H, 过 H 作 BD 的垂直平面, 按图所示将阳马剖分为1个小长方体($HILKNDRO$); 2 个小堑堵 ($ILORCP$ 和 $KLONFQ$) 和 2 个小阳马 ($BHILK$ 和 $LOPEQ$); 同时将鳖臑剖分为 2 个小堑堵 ($AGIJML$ 和 $ILMJCP$) 和 2 个小鳖臑 ($BGIL$

和 *EPML*).

容易看出, 阳马中除去 2 个小阳马的部分的体积(记为 Y_1') 为鳖臑中除去 2 个小鳖臑的部分的体积(记为 B_1') 的 2 倍, 它们合在一起(刘徽称其为"已知"部分)的体积应占原堑堵体积的 $\frac{3}{4}$, 因而剩余部分(即 2 个小阳马和 2 个小鳖臑, 刘徽称其为"未知"部分)的体积应占原堑堵体积的 $\frac{1}{4}$.

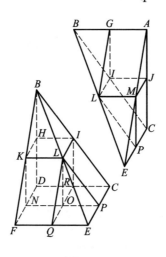

图 26

若分别用 Y_1, B_1 记每个小阳马和小鳖臑的体积, 则有

$$Y = Y_1' + 2Y_1,$$
$$B = B_1' + 2B_1,$$

其中 Y_1 与 B_1 之比仍未知.

对每个小阳马和每个小鳖臑又可进行同样的剖

分, 对第 n 次剖分有

$$Y = \sum_{i=1}^{n} 2^{i-1} Y_i' + 2^n Y_n,$$

$$B = \sum_{i=1}^{n} 2^{i-1} B_i' + 2^n B_n,$$

其中已知部分属阳马的体积为 $\sum_{i=1}^{n} 2^{i-1} Y_i'$, 属鳖臑的

体积为 $\sum_{i=1}^{n} 2^{i-1} B_i'$, 两者的比值恒为 $2 : 1$ (因对每个 i

有 $Y_i' = 2B_i'$). 至于未知部分的体积, 记为 u_n, 刘
徽(图27)指出, 随着剖分越来越细, 它将越来越趋近
于0. 刘徽的原话是这样讲的:

"半之弥少, 其余弥细, 至细曰微, 微则无形, 安
取余哉? "

不失一般地设原堑堵体积为1, 则

$$u_n = 2^n Y_n + 2^n B_n = 2^n (Y_n + B_n) = 2^{n-1} \cdot 2(Y_n + B_n)$$

而根据前面的步骤应有 $2(Y_n + B_n) = \dfrac{1}{4} \times \left(\dfrac{1}{8}\right)^{n-1}$,

于是得到 $u_n = 2^{n-1} \times \dfrac{1}{4} \times \left(\dfrac{1}{8}\right)^{n-1} = \dfrac{1}{4^n}$, 当 n 无限
增大时, u_n 确实趋于0. 因此, 这样无限剖分下去, 在
极限的情形就得到"不易之率":

$$Y : B = 2 : 1.$$

刘徽的极限方法即使在今天看来也很精彩. 刘
徽是中国古代最伟大的数学家之一. 他最重要的著

述是《九章算术》注, 虽说是"注", 却包含了刘徽本人的许多创造, 如体积理论、计算圆周率的"割圆术"、用十进小数逼近无理数的"求微数法"等, 都是意义深刻的成果, 其中蕴含着无穷小方法的萌芽.

图 27 刘徽

除了上面介绍的阳马体积公式的论证, 众所周知的"割圆术", 从圆内接正六边形出发, 通过边数逐步加倍的内接正多边形的周长和面积来逼近圆的周长和面积并得到圆周率的近似值. 对于这种"割圆"过程, 刘徽有如下经典的议论:

"割之弥细, 所失弥少, 割之又割, 以至于不可割, 则与圆周合体而无所失矣."

而对于用十进小数逼近无理数的"求微数法", 刘徽也说道:

"退之弥下, 其分弥细, 则虽有所弃之数, 不足言也."

所有这些, 集中地反映了刘徽朴素的极限思想.

不过，回到体积问题上来，人们也许会问：对于像"阳马"这样简单的多面体，难道非用极限方法不可吗？在这里，刘徽是不是有"杀鸡用牛刀"之嫌呢？

那么让我们把目光转向西方几何学的圣地古希腊，看看那里的数学家有没有解决这一问题的妙法捷径.

欧几里得《原本》的最后三卷，是关于立体几何的内容，其中就涉及棱柱、棱锥、圆柱、圆锥等立体图形的体积定理. 在第12卷中，我们恰恰找到了这样一个命题：

"任何棱锥等于和它同底同高的棱柱的三分之一."

这就相当于棱锥的体积公式：棱锥的体积等于高与底面积乘积的三分之一. 这一结论在《原本》中是作为同一卷命题7的推论出现的，命题7是说：

"任何一个以三角形为底的棱柱可以被分成以三角形为底的三个彼此相等的棱锥."

以下是欧几里得对此命题的证明：

设有一个以三角形 ABC 为底且对面为三角形 DEF 的棱柱 (图 28).

连接 BD、EC、CD. 因为 ABED 是平行四边形，BD 是对角线，所以三角形 ABD 全等于三角形 EBD. [根据第1卷命题34]

所以，以三角形 ABD 为底且以 C 为顶点的棱锥等于以三角形 DEB 为底且以 C 为顶点的棱锥. [根据第12卷命题5]

但是，以三角形 DEB 为底且以 C 为顶点的棱锥与以三角形EBC为底且以D为顶点的棱锥是一样的，因为它们由相同的面围成.

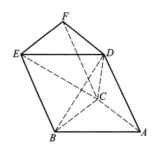

图 28

所以, 以三角形ABD为底且以C为顶点的棱锥也等于以三角形EBC为底且以D为顶点的棱锥.

又因为, $FCBE$是平行四边形, CE是对角线, 三角形CEF全等于三角形CBE. [根据第1卷命题34]

所以也有, 以三角形BCE为底且以D为顶点的棱锥等于以ECF为底且以D为顶点的棱锥. [根据第12卷命题5]

但是, 已经证明了以三角形BCE为底且以D为顶点的棱锥等于以三角形ABD为底且以C为顶点的棱锥, 所以也有, 以三角形CEF为底且以D为顶点的棱锥等于以三角形ABD为底且以C为顶点的棱锥; 所以棱柱$ABCDEF$可被分为三个彼此相等的以三角形为底的棱锥: ABD–C, BCE–D, CEF–D.

以上基本上是从《原本》的直录. 欧几里得的证明真可谓步步有据, 不厌其详. 事实很简单: 欧几里得将一个棱柱分割成了三个体积相等的棱锥, 棱锥的体积公式便是显然的推论. 这里似乎只涉及图形的分割拼合, 而毋须极限之类的无穷小过程. 那也正是刘徽想做的事情啊! 对于出入相补, 刘徽可说是驾轻就熟, 那么他在锥体体积问题上何以舍简就繁呢?

且慢下结论! 我们总是强调欧几里得推理之"步步有据". 在上述命题7的证明过程中, 他重复使用前面已被证明过的第12卷命题5作为根据. 这是一条什么样的命题呢? 这条命题是说:

以三角形为底且有等高的两个棱锥的体积比如同两底面积之比.

原来, 没有这个命题作保证, 上述命题7的证明逻辑上就有漏洞. 那么欧几里得又是怎样证明这个命题5的呢? 他使用了古希腊数学特有的"穷竭法". 下面是欧几里得证明的大意.

如图 29, 设有以三角形 ABC、DEF 为底, 以点 G、H 为顶点的等高棱锥.

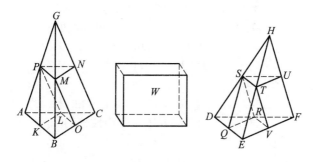

图 29

如果棱锥 $ABC-G$ 比棱锥 $DEF-H$ 不同于底 ABC 比底 DEF，则底 ABC 比底 DEF 等于棱锥 $ABC-G$ 比某个小于或大于棱锥 $DEF-H$ 的立体.

首先，假设属于第一种情况，即其中成比例的是一个较小的立体 W，将棱锥 $DEF-H$ 分为两个相似于原棱锥的相等棱锥和两个相等棱柱，而两棱柱的和大于原棱锥的一半.

类似地，再分所得的棱锥，这样继续下去，直至棱锥 $DEF-H$ 得到某些小于棱锥 $DEF-H$ 与立体 W 的差的棱锥.（欧几里得在这里使用了一条作为穷竭法推理基础的命题，即他已证明过的第10卷命题1：

给定两个不相等的量，如果从较大量中减去大于其半的量，再从余下的量中减去大于其半的量，总可得到比任意给定的量更小的量.）

设所要得到的棱锥是 $DQR-S$、$STU-H$；所以在棱锥 $DEF-H$ 内剩下的棱柱的和大于立体 W.

类似地，也和分棱锥 $DEF-H$ 的次数相仿地去分棱锥 $ABC-G$；于是根据欧几里得此前已证明的命题4，有

$$\frac{ABC}{DEF} = \frac{\text{棱锥} ABC-G \text{内棱柱的和}}{\text{棱锥} DEF-H \text{内棱柱的和}}$$

但是，$\quad \dfrac{ABC}{DEF} = \dfrac{ABC-G}{W}$

所以也有，

$$\frac{ABC-G}{W} = \frac{\text{棱锥} ABC-G \text{内棱柱的和}}{\text{棱锥} DEF-H \text{内棱柱的和}}$$

所以，由更比，有

$$\frac{ABC-G}{\text{棱锥} ABC-G \text{内棱柱的和}}$$

$$= \frac{W}{\text{棱锥} DEF - H \text{内棱柱的和}}.$$

但是，棱锥 $ABC - G$ > 棱锥 $ABC - G$ 中所有棱柱的和，

所以，立体 W > 棱锥 $DEF - H$ 中所有棱柱的和，但是另一方面，前面又证明了

立体 W < 棱锥 $DEF - H$ 中所有棱柱的和，这就推出了矛盾.

所以，不可能有：底 ABC 比底 DEF 等于棱锥 $ABC - G$ 比某个小于棱锥 $DEF - H$ 的立体.

完全类似地可以证明，也不可能有：底 ABC 比底 DEF 等于棱锥 $ABC - G$ 比某个大于棱锥 $DEF - H$ 的立体.

所以，底 ABC 比底 DEF 等于棱锥 $ABC - G$ 比棱锥 $DEF - H$.

这就是欧几里得的"穷竭法". 可以看到，这里也使用了将一个棱锥无限分割的过程. "穷竭"，顾名思义，就是无穷逼近. 因此，跟刘徽一样，在棱锥体积的推证中，欧几里得也借助了无穷小方法，就这一点而言，真可以说是：东西英雄，所见略同啊！有人戏称欧几里得无限分割的棱锥为"魔鬼的阶梯". 其实，对于古代数学家来说，无穷小方法，既是无法摆脱的"魔鬼"，更是威力无边的法宝.

然而，为什么像锥体这样看来很简单的立体，其体积公式的推证就不能回避无穷小方法呢？这依然是个谜. 这个谜直到20世纪才彻底解开，这就是我们将要在后面介绍的希尔伯特第三问题所涉及的内容.

古代数学家当然未能明确认清其中的奥秘，在体积问题上，古代一些一流的数学家都不约而同地借助于无限小方法来取得成果，表现出了惊人的智慧. 下面我们再来看一个典型而有趣的例子，就是球体积计算.

球体积——阿基米德与祖冲之

大家都知道球体积公式 $V = \dfrac{4}{3}\pi r^3$，公式非常简单，但它是怎样被发现的呢，古代的数学家怎么会知道球体积这个精确的公式？

首先让我们来看阿基米德 (Archimedes, 公元前 287—前 212)，他用了一种称为"平衡法"的方法来推算球体积的公式.

如图30, 阿基米德把一个半径为 R 的球的两极沿水平线放置，使极 N 与原点重合. 画出 $2R \times R$ 的矩形 $NABS$ 和 $\triangle NCS$ 绕 x 轴旋转而得到的圆柱和圆锥. 现从这三个立体中割出与 N 距离为 x、厚度为 Δx 的三个竖直薄片(假设它们都是扁平圆柱), 这些薄片的体积分别近似于：

球: $\pi x(2R - x)\Delta x$,
圆柱: $\pi R^2 \Delta x$,
圆锥: $\pi x^2 \Delta x$.

取由球和圆锥割出的两个薄片，将它们的重心吊在点 T, 使 $TN = 2R$. 这两个薄片绕 N 的合成力矩为

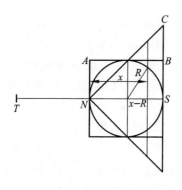

图 30

$$[\pi x(2R - x)\Delta x + \pi x^2 \Delta x]2R = 4\pi R^2 x\Delta x.$$

阿基米德发现这刚好等于圆柱割出的薄片处于原来位置时绕 N 的力矩的 4 倍. 把所有这些薄片绕 N 的力矩加在一起便得到(阿基米德在这里认为均匀圆柱绕定点 N 的力矩等于其质量集中在重心处的力矩):

$$2R(球体积 + 圆锥体积) = 4R圆柱体积,$$
$$2R\left(球体积 + \frac{8\pi R^3}{3}\right) = 8\pi R^4,$$

故得:

$$球体积 = \frac{4}{3}\pi R^3.$$

在西方数学史上, 阿基米德被尊为"数学之神". 阿基米德一辈子绞尽脑汁去计算各种平面图形的面积和立体图形的体积, 他的许多著作都与此相关, 球体积是他最得意的一个成果, 所以他曾留下遗嘱把球及其外切圆柱的图形刻在他的墓碑上. 阿基米德于公元前212年被罗马士兵杀害. 那是在第二次布匿战争期间, 罗马帝国的军队大举进犯阿基米德的故乡西西里岛叙拉古城. 在抵抗罗马军队入侵的斗争中, 阿基米德充分运用了自己的数学和力学知识. 他设计发明的许多新式武器如投石炮、起重机、火镜等等, 曾使敌军闻风丧胆, 惊称阿基米德为"懂几何的百手巨人". 后来叙拉古城不幸被罗马军队攻陷, 破城而入的罗马士兵冲进阿基米德的住宅, 这位75岁的老人正在院子里出神入思, 面前的沙盘上画着几何图形, 他让士兵别动那些图形, 士兵恼羞成怒, 遂将阿基米德刺杀(图31).

图 31 阿基米德之死

其实, 指挥罗马军队的主帅马塞吕斯本人对阿基米德十分仰慕, 攻城前曾下令勿杀阿基米德. 事后他严惩了那个无知的士兵, 并为阿基米德隆重建墓. 遵照阿基米德的遗愿, 马塞吕斯在墓前竖了一块石碑, 墓碑上刻着死者最引以自豪的数学发现的象征图形——球及其外切圆柱.

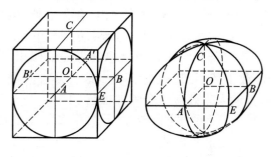

图 32

现在让我们转而来看古代中国数学家又是怎样发现和计算球体积的.

《九章算术》"开立圆术" 给出球体积公式 $V = \frac{3}{16}\pi D^3$ (D为直径), 这是不正确的, 刘徽注《九章算术》时, 就已发现"开立圆术"之错误, 并想找到推算球体积的正确方法. 他创造了一个称之为"牟合方盖"的立体图形. 如图32, 在一个立方体内作两个互相垂直的内切圆柱, 其相交的部分, 就是刘徽所谓的"牟合方盖". 牟合方盖恰好把立方体的内切球包含在内并且同它相切. 如果用同一水平面去截它们, 就得一个圆(球的截面)和它的外切正方形(牟合方盖的截面). 刘徽指出, 在每一高度的水平截面圆与其外切正方形的面积之比等于 $\frac{\pi}{4}$, 因此球体积与牟合方盖体积之比也应

该等于 $\frac{\pi}{4}$. 刘徽在这里实际已用到后来西方微积分史中所称的"卡瓦列利原理"的特例,只是他没有将其总结为一般形式. 可是,牟合方盖的体积怎么求呢? 刘徽说"观立方之内,合盖之外,虽衰杀有渐,而多少不掩,判合总结,方圆相缠,浓纤诡互,不可等正",未能解决牟合方盖的体积,最后说"敢不阙疑,以俟能言者",也就是说只好等待后世能人来破解这个旷古难题了!

刘徽所盼的"能言者"过了两百多年才出现,就是祖冲之和他的儿子祖暅. 祖氏父子继承了刘徽的思路,即从计算"牟合方盖"体积来突破. 他们把眼光转向立方体切除"牟合方盖"之后的那部分的体积. 如图33,取牟合方盖的八分之一,考虑它与其外切正方体所围成的立体,并如图33 Ⅰ 那样将它分成三个小立体,图33中的 Ⅱ, Ⅲ, Ⅳ. 同时考虑一个以外切正方体底面为底、以该正方体一边为垂直棱的倒立方锥(图33 Ⅴ). 祖氏推证:倒立方锥 Ⅴ 的体积等于三个小立体 Ⅱ, Ⅲ, Ⅳ 的体积之和,因此也等于从外切正方体中挖去牟合方盖的部分即立体 Ⅰ 的体积. 即

$$ Ⅴ = Ⅱ + Ⅲ + Ⅳ = Ⅰ, \qquad (*) $$

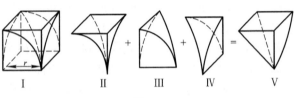

图 33

而倒立方锥的体积刘徽已解决了, 等于 $\frac{1}{3}r^3$ (r为小正方体的边长, 也即球半径), 这样整个牟合方盖的体积就是 $8 \times \left(1 - \frac{1}{3}r^3\right) = \frac{16}{3}r^3$. 由刘徽先前所得的成果

$$V_{球} : V_{牟合方盖} = \pi : 4,$$

即可推得球体积 $= \frac{4}{3}\pi r^3$.

现在关键是(*)式的证明. 祖暅考察在高h处的水平截面, 如图34, 容易看出三个小立体 II, III, IV 的截面(阴影部分)面积由勾股定理可知(设$AS = PQ = x$):

$$S_{阴影} = S_{正方形ABCD} - S_{正方形PQRD} = r^2 - x^2 = h^2$$

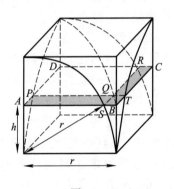

图 34

而在高h处倒立方锥 V 的截面积也等于h^2. 这就是说, 在任一等高处, 立体 I 的截面积与倒立方锥 V 的截面积相等, 这时祖氏提出一条原理:

"幂势既同，则积不容异."

意思是说：两个立体如果在等高处的截面积保持相等，那么它们的体积一定相等. 这相当于西方文献中所谓的"卡瓦列利原理"，1635 年为意大利数学家卡瓦列利重新提出. "卡瓦列利原理"在微积分的酝酿、创建过程中扮演了重要角色.

这就是中国人求球体积的方法，跟阿基米德的方法作一比较，可以看到不同文化背景的古人在考虑解决这类问题时的思维方式.

祖冲之(429—500)，活跃于南朝宋、齐两代. 他做过南徐州(今江苏镇江)从事史，是地位不高的小官.《南齐书》"祖冲之传"中用这样八个字来形容祖冲之："探异今古"，"革新变旧"，刻画了这位学者的科学精神. 根据《南齐书》的记载，祖冲之在公元462年创制了一部历法叫《大明历》，这在当时是最先进的历法，却遭到以戴法兴为首的守旧派官员的反对. 戴法兴是当朝权臣，凡官员任免，生杀赏罚，皇帝都要跟他商量. 而祖冲之只不过是居从事史的小官，居然敢在皇帝面前与戴法兴等辩论，并直指戴"浮词虚贬"，"坚执偏论". 祖冲之将他反驳戴法兴的议论写成一篇叫《驳议》的文章，这篇文章后来被收进了《宋书》而得以流传下来，其中提供了祖冲之数学上贡献的重要线索. 祖冲之在文章一开头就说自己从小喜爱数学、天文，"搜练古今，博采深奥"，并且决不"虚推古人"，而是能批判地继承，从而发现"立圆旧误,张衡述而弗改",即《九章算术》中球体积公式的错误,张衡也照搬而未能纠正;"汉时斛铭,刘歆诡谬其数",即刘歆刻在王莽铜斛上的圆周率数值太不准确. 祖冲之批评这两项为"算氏之剧疵",并说自己"昔以暇日,撰正众谬,理据炳然". 由此可见,球体积推导和圆周率计算,是祖冲之引以自豪的两大数学成就.

图 35 祖冲之纪念邮票

按《南齐书》"祖冲之传",祖冲之曾"注九章,造缀术数十篇". 祖冲之的数学成就应该是包含在他的《缀术》之中. 遗憾的是这部重要的著作未能流传下来,我们今天对祖冲之工作的了解,主要是根据一些零散的资料. 如球体积推导,记载于《九章算术》李淳风注中. 李淳风是唐代学者,曾编纂包括《周髀算经》、《九章算术》在内的十部古代数学经典,合称《十部算经》或《算经十书》. 他在《九章算术》"开立圆术"注文中记述了祖冲之父子关于球体积的工作,并称之为"祖暅之开立圆术". 祖暅之,或祖暅,是祖冲之的儿子,也是一位数学家,可能对他父亲的遗作进行过整理、增补与完善. 李淳风大概是从祖暅整理过的《缀术》中引证球体积推导的.

祖冲之父子、刘徽以及前面介绍过的赵爽,他们生活的魏晋南北朝时期,是中国历史上的动荡时期,但同时也是思想相对活跃的时期. 在长期独尊儒学之后,学术界思辨之风再起. 在数学上也兴起了论证的趋势,许多研究以注释《周髀算经》、《九章算术》的形式出现,实质是要寻求这两部著作中一些重要结论的数学证明. 赵爽是这方面的先锋,刘徽以及祖冲之父子则是最杰出的代表,他们的工作,思想深刻,反映了魏晋南北朝时代中国古典数学中出现的论证倾向所达到的高度. 然而令人迷惑的是,这种倾向随着这一时代的结束也戛然而止. 隋唐时期,算学相当普及,祖冲之的著作《缀术》曾被列为官学的教科书,但学官却"莫能究其深奥"了. 公元10世纪以后,《缀术》在中国本土竟完全失传. 不过《缀术》曾流传朝鲜和日本,并被那里的官学——"国子监"长期用作数学教科书.

五、希尔伯特第三问题

面积与体积计算自古以来一直是数学家们感兴趣的课题,并且是微积分发明的重要来源之一,然而直到19世纪末,体积计算仍缺乏严密的理论基础.其中使数学家们长期困惑不解的一点就在于前面已反复提到的问题:为什么像四面体这样简单的立体,其体积公式的推证也回避不了无穷小过程?

高斯的抱怨

即使是号称"数学王子"的高斯,对这个问题也感到不甚了了.高斯曾经发出抱怨说他不明白为什么自古以来数学家们在处理一些立体体积公式时总要依赖穷竭法之类的无限过程.

高斯是非欧几何的发明者之一,同时也是现代微分几何的奠基人.对于多面体体积的理论基础,他一定有所思考,他的抱怨说明多面体体积问题中必有隐藏的症结.这症结的最终揭示,一直要等到20世纪初,主要归功于高斯的同胞、德国数学家希尔伯特所谓"第三问题"的提出和解决.

在介绍希尔伯特第三问题之前,我们还是再回顾一下平面面积理论和出入相补原理.

在平面上,利用出入相补原理,便足以建立多边形的面积理论.

按现代几何术语,出入相补原理,相当于"剖分相等"或"拼补相等".

剖分相等 若有两平面图形 F 与 H,若将 F 适当剖分为有限块,它们重新组合后可得到图形 H,就说 F 与 H 剖分相等,记作 $F \sim H$.

容易看出,任一平行四边形与等底等高之矩形剖分相等(图36(a));任一三角形与等底半高的平行四边形剖分相等(图36(b)).

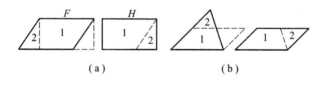

(a)   (b)

图 36

因此,如果规定(也可视为公理)边长 a 和 b 的矩形 R 的面积

$$S(R) = a \cdot b,$$

那么利用剖分相等就可以得到三角形面积公式并进而计算任意平面多边形的面积了.

反过来,两个平面图形如果面积相等,它们是否一定剖分相等呢?这是剖分相等能否作为平面面积理论基础的关键.答案是肯定的,已经证明有如下的波尔约–格尔文(Bolyai-Gerwien)定理: 两多边形面积相等的充分必要条件是它们剖分相等.

于是在平面上, 对面积进行公理定义后, 利用所谓剖分相等, 便足以建立多边形的面积理论.

拼补相等 两个平面图形 F 和 H, 若各添补有限个全等的图形后可得到两个新的全等的图形, 则称 F 和 H 拼补相等.

图37是两个拼补相等的平面图形. 利用拼补相等也可以类似地建立平面多边形面积理论.

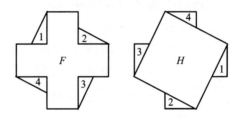

图 37

拼补相等与剖分相等实际上也是相互等价的, 这在平面情形可以从上述波尔约–格尔文定理推得. 面积相等、剖分相等与拼补相等在概念上等价性的确立, 成为平面多边形面积理论的基石. 希尔伯特在他的《几何基础》(1899)一书中给出了平面面积理论的完美叙述.

希尔伯特的猜测

转到三维空间, 情形就不那么简单了. 关键的问题是: 两体积相等的立体图形是否一定能剖分成有限对全等的部分? 即是否一定剖分相等(或拼补相等)? 19世纪有不少数学家相信答案应该跟平面情形一样是肯定的, 并举出一些剖分相等多面体的例子, 如哥林(Gerling)定理——任意两个对称的立体图形都剖分相等(1844)、希尔(Hill)四面体(1896, 详见下文)等. 但对几何基础深入研究过的希尔伯特(图38)却洞察到空间与平面情形的本质区别. 他不相信体积理论可以像平面面积那样仅仅依赖于剖分与拼补, 而认为所有先前给出的例子都不过是特殊的例外. 希尔伯特猜测道: "我认为对于刚才提到的欧几里得定理(即: 两等高四面体的体积与其底面面积成正比)这种一般的证明是不可能的", 问题是要"对这种不可能性给出严格的证明", 为此只需举出一个反例, 即:

存在"两个等高等底的四面体, 它们不可能被剖分成全等的四面体, 也不可能通过与其他四面体的拼合而形成两个本身能剖分成全等四面体的多面体".

这就是希尔伯特第三问题. 希尔伯特第三问题, 正是指向了数千年来数学家们一直努力求解的体积理论基础的谜团.

图 38 希尔伯特

德恩反例

希尔伯特要求的反例在问题提出的当年
(1900) 就被他的学生德恩 (M. Dehn) 找到了. 德
恩首先发表了这样一条定理:

德恩定理 任一正四面体 R 与体积相等的正
方体不剖分相等.

为了证明这一事实, 德恩提出了所谓"德恩不
变量"与"德恩条件", 并指出了两多面体 A 和 B 剖
分相等的一个必要条件, 现在就叫"德恩条件", 利
用它, 通过德恩不变量的计算, 就可证明上述的德
恩定理. 不过他本人并没有对这些概念加以明确
表述, 因而其原证很难理解, 下面的介绍是依据
了经后人改进的形式.

德恩不变量 设 A 是一多面体, $\alpha_1, \alpha_2, \cdots, \alpha_p$
是 A 的各二面角(用弧度表示), $l_1, l_2, \cdots, l_p$ 是相

应边的边长, 若 f 是定义在包含所有数 $\alpha_1, \alpha_2, \cdots,$ α_p 为元素的集合 M 上的可加函数[①], 则称和

$$l_1 f(\alpha_1) + l_2 f(\alpha_2) + \cdots + l_p f(\alpha_p)$$

为多面体的德恩不变量, 记作 $f(A)$.

德恩指出, 两多面体 A 和 B 剖分相等的一个必要条件是: 对任意满足 $f(\pi) = 0$ 的可加函数 f, 它们的德恩不变量都相等: $f(A) = f(B)$.

这就是所谓德恩条件, 利用它, 通过德恩不变量的计算, 不难证明上述的德恩定理.

如图 39, 设 P 是一正四面体, 它的各个二面角均为 φ, 则

$$\varphi = \arccos \frac{1}{3},$$

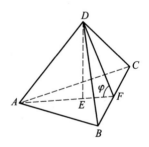

图 39

又设 Q 是等体积之正方体, 其各二面角均为 $\dfrac{\pi}{2}$.

[①] 定义在实数集 M 上的实函数 $f(x)$ 被称为是可加的, 如果对 M 的元素的每个整系数线性相关 $n_1 x_1 + n_2 x_2 + \cdots n_k x_k = 0 (n_1, n_2, \cdots, n_k$ 是不全为零的整数), 相应的 $f(x)$ 值之间亦有同样的线性相关, 即 $n_1 f(x_1) + n_2 f(x_2) + \cdots + n_k f(x_k) = 0$.

令集

$$M = \left\{ \pi, \frac{\pi}{2}, \varphi \right\},$$

在M上定义一实函数f:

$$f(\pi) = 0, f\left(\frac{\pi}{2}\right) = 0, f(\varphi) = 1,$$

则f必为可加函数. 事实上, 设有

$$n_1\pi + n_2\frac{\pi}{2} + n_3\varphi = 0,$$

若式中$n_3 \neq 0$, 则可推出

$$\frac{\varphi}{\pi} = \frac{1}{\pi}\arccos\frac{1}{3} = -\frac{n_1 + \frac{n_2}{2}}{n_3}$$

为一有理数, 这是不可能的(事实上对任一$n \geqslant 3$, 可证明数 $\frac{1}{\pi}\arccos\frac{1}{n}$ 必为无理数, 参阅[8]pp. 102–103). 故有 $n_3 = 0$, 从而

$$n_1f(\pi) + n_2f\left(\frac{\pi}{2}\right) + n_3\varphi = 0.$$

现在计算德恩不变量. 设l是正方体的边长, 则根据定义有

$$f(Q) = 12lf\left(\frac{\pi}{2}\right) = 0,$$

同时设 m 是正四面体 P 的边长, 则

$$f(P) = 6mf(\varphi) = 6m \neq 0.$$

故$f(P) \neq f(Q)$, 德恩条件不成立, 因而P与Q不剖分相等. 德恩定理得证.

利用德恩不变量,数学家们找到了越来越多与正方体不剖分相等的四面体,我们来考察图 40(a) 显示的例子. 四面体K,其三边 ab, bc, bd 互相垂直且长度(l)相等. 可以证明对于某个满足$f(\pi) = 0$的可加函数f有$f(K) \neq 0$(过程与德恩定理的证明相仿). 这就是说, 四面体K与体积相等的正方体不剖分相等.

我们再来看前面已经提到的希尔四面体. 希尔四面体是这样的四面体 H, 如图40(b), 其三边 ab, bc 和 cd 互相垂直且长度 (l) 相等. 通过德恩不变量的计算, 可以证明它是与正方体剖分相等的. 希尔当初则是通过具体剖分的实施来证明 H 与正方体剖分相等(如 40(c)所示, 先将 H 剖分重组成一正三棱柱).

容易看出, 希尔四面体H与上述例子中的四面体K等底等高(对于相同的l),但一个(H)与正方体剖分相等, 一个(K)与正方体不剖分相等, 从而它们彼此不剖分相等. 这正是希尔伯特第三问题所要求的例子!

希尔伯特第三问题解决了!数千年来困扰着数学家们的体积之谜解开了!答案就包含在那样两个简单到不能再简单的四面体中, 它们显示出全部问题的症结: 与平面上不同, 在空间情形, 体积相等的几何图形不一定能剖分相等, 或者用中国古代数学家的话说, 不一定能出入相补.

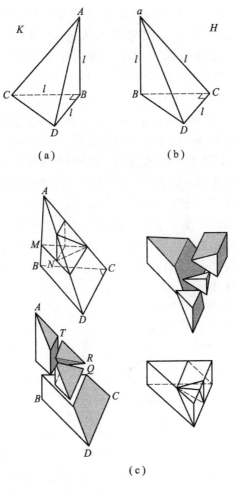

图 40

　　其实古代数学家无论是欧几里得还是刘徽,他们从直觉上都已触及问题的症结. 就拿刘徽来说吧,他强调其"鳖臑"是"功实之主",即是整个体积理论之关键. 在任意长方体情形, 刘徽分解而得的四面体鳖臑, 一般是不能与正方体剖分相等的, 刘徽说它们"不纯合", 并感到"难为之". 而在正方体情形, 刘徽得到的鳖臑不是别的, 正是一千五百多年后英国数学家希尔找到的四面体. 前面已提到, 希尔四面体与等体积正方体是剖分相等的. 刘徽则正确地指出了此时得到的六个鳖臑是全等的. 刘徽在证明其他多面体(如"羡除", 三个侧面均为梯形的楔形体)体积时用到的另一种鳖臑(如图 41, 底面三角形中 ∠CBD 为直角, AB 与底面垂直), 一般也不能与体积相等的正方体剖分相等(在三垂直边相等时, 它就是上文中提到的四面体 K!).

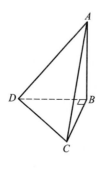

图 41

至于欧几里得, 我们也已看到, 他在证明可以将一个棱柱分拆成三个体积相等的棱锥之前, 不厌其烦地用穷竭法证明了两等高等底的棱锥体积相等.

刘徽和欧几里得当然都不可能具有现代体积理论的那些概念, 但从以上所述可以说明, 他们确实都直觉地意识到体积相等的立体未必能通过分拆拼补而相互转化. 希尔伯特第三问题的解决, 终于从理论上证明了多面体体积不能单靠剖分与拼补, 使用非初等的方法是不可避免的. 从古人的直觉到现代的理论, 中间经历了漫长的探索.

现代体积理论的发展

希尔伯特第三问题是希尔伯特在1900年巴黎国际数学家大会上提出的23个数学问题之一, 因排列第三而名. 这23个问题是希尔伯特总结以往数学研究的成果和发展趋势而提出, 它们涉及现代数学的许多领域, 其研究有力地推动了20世纪数学的发展.

就第三问题而言, 它是最先获解的希尔伯特数学问题. 据说德恩宣告解决这一问题时, 希尔伯特《数学问题》的演讲全文还在印刷之中. 德恩的解答激发了数学家们对体积理论的新的兴趣. 他的理论随后被其他数学家进一步发展和完善了. 其中突出的结果, 如西德勒 (J-P. Sydler)1943年证明了空间情形剖分相等与拼补相等概念的等价性; 1965年证明了德恩条件不仅是两多面体剖分相等的必要条件, 同时也是充分条件(德恩-西德勒定理). 特别是 20 世纪 50 年代出现的瑞士几何学家哈德威格(H. Hadwiger)等的系统成果,用更现代的方法处理并深化了德恩的理论,同时将其推广到 n 维空间. 所有这些工作都使体积理论获得了比以往更稳固的基础.

德恩解决希尔伯特第三问题时年仅 22 岁,他后来的研究兴趣从几何基础转向代数拓扑. 代数拓扑学在当时是一个新兴的领域,1907年德恩与赫格 (P. Heegaard) 联名发表于《数学科学百科全书》的论文《位置分析》,是该领域早期较为系统的贡献. 代数拓扑学的重要课题是寻求曲面 (或一般流形) 在连续变换下保持不变的所谓"不变量",而在希尔伯特第三问题的解决中发挥了重要作用的"德恩不变量",与此不无相通之处. 德恩 1922 年成为法兰克福大学教授. 也许是受希尔伯特的影响,德恩主张科学的多元文化来源. 他是著名的法兰克福数学史讨论班的主要组织者之一,这个讨论班研究不同文化的经典数学文献,为此德恩还专门学习过中文. 法兰克福数学史讨论班从 1921 年延续到 1935 年,韦依(A. Weil)、西格尔(C. L. Siegel)等都是其重要成员. 1938 年以后,希特勒排犹风潮尘嚣甚上,德恩被迫举家逃亡,辗转丹麦、挪威等地,1941 年,已经年逾花甲的德恩移居美国.

希尔伯特第三问题表面上似乎只是寻求反例的初等几何问题,但希尔伯特是在他发表《几何基础》这部重要著作之后提出这一问题的,其深刻用意,就是想推动现代体积理论的发展. 在这个意义上, 通过第三问题的解决, 希尔伯特的初衷可以说是基本实现了.

希尔伯特是20世纪最卓越的数学家之一. 他1862年生于以"哥尼斯堡七桥问题"而闻名于数学史的德国哥尼斯堡城(今俄国境内加里宁格勒), 1895年来到高斯长期执教的格丁根大学, 并与另一位著名德国数学家克莱茵携手将格丁根建成为蜚声世界的数学中心. 希尔伯特的《几何基础》已成为现代公理化方法的经典之作, 他能以空前严格的眼光追根穷底、探究多面体体积的奥秘并提出"第三问题", 从而奠定现代体积理论的基础, 这是不奇怪的. 希尔伯特的数学贡献当然远不止于几何基础. 他的典型研究风格是直攻重要的数学问题, 从中寻找带普遍性的方法. 用这种方式, 希尔伯特在几何基础、代数数论、积分方程与变分法、数理逻辑、理论物理等众多的领域里作出了历史性的贡献. 正是通过自己数学研究的切身体会, 希尔伯特认识到在科学研究中问题的重要意义, 恰如他在提出其影响深远的23个数学问题的巴黎演讲中所指出的那样:

"正如人类的每项事业都追求着确定的目标一样, 数学研究也需要自己的问题." "只要一门科学分支能提出大量的问题, 它就充满着生命力; 而问题缺乏则预示着独立发展的衰亡或中止."

除了杰出的学术成就, 希尔伯特作为一位正直的、坚持正义的学者, 在国际科学界也受到普遍的尊敬. 这里特别要提到的是他在科学上的国际主义精神. 希尔伯特始终认为数学是不分民族、没有国界的文化, 因而反对一切政治的、种族的和传统的偏见, 强调广泛的学术文化交流. 在第一次世界大战初, 他冒着极大的个人风险拒绝在德国政府的战争"宣言"上签名; 第二次世界大战期间, 他对希特勒的排犹运动表示了无比的愤慨和抵制, 这种疯狂的种族主义使一个硕果累累的国际性学派——希尔伯特亲手缔造的格丁根数学学派遭受了致命的打击.

从古代出入相补原理到现代体积理论, 我们讲述了一个跨文化、跨时代的故事, 我们看到了不同民族不同时代的数学家对同一些问题的关注、锲而不舍的探索和富有启迪的智慧; 看到了现代数学知识的多种文化来源; 看到了中国古代数学家对这些问题的卓越贡献. 我们以希尔伯特说过的话来结束这个故事:

"对于数学来说, 整个文明世界就是一个国家!"

"我们必须知道, 我们必将知道!"

参 考 文 献

[1] 周髀算经. 微波榭本《算经十书》, 清乾隆三十八年(1773).

[2] 九章算术. 微波榭本《算经十书》, 清乾隆三十八年(1773).

[3] 欧几里得. 几何原本. 蓝纪正, 朱恩宽, 译, 西安: 陕西科学技术出版社, 2003.

[4] 希尔伯特. 数学问题. 李文林, 袁向东, 译//数学史译文集, 上海: 上海科学技术出版社, 1981.

[5] 吴文俊. 出入相补原理. //中国古代科技成就. 北京: 中国青年出版社, 1978.

[6] 钱宝琮. 中国数学史. 北京: 科学出版社, 1964.

[7] H. 伊夫斯. 数学史上的里程碑. 欧阳绛, 等译, 北京: 北京科学技术出版社, 1990.

[8] Vladimir G. Boltianskii. *Hilbert's Third Problem*. English Translation by R.A.Silverman. Winston and Sons, 1978.

[9]   Chen Cheng-Yih. *A Comparative Study of Early Chinese and Greek Work on the Concept of Limit, in Chen Cheng-Yih(ed.): Science and Technology in Chinese Civilization*, World Scientific, 1987.

[10] Loomis E S. *The Pythagorean Proposition.* National Council of Teachers of Mathematics. Washington D. C. 1940, 1972.

郑重声明

高等教育出版社依法对本书享有专有出版权。任何未经许可的复制、销售行为均违反《中华人民共和国著作权法》，其行为人将承担相应的民事责任和行政责任；构成犯罪的，将被依法追究刑事责任。为了维护市场秩序，保护读者的合法权益，避免读者误用盗版书造成不良后果，我社将配合行政执法部门和司法机关对违法犯罪的单位和个人进行严厉打击。社会各界人士如发现上述侵权行为，希望及时举报，我社将奖励举报有功人员。

反盗版举报电话　　(010)58581999　58582371

反盗版举报邮箱　dd@hep.com.cn

通信地址　北京市西城区德外大街4号
　　　　　高等教育出版社法律事务部

邮政编码　100120

读者意见反馈

为收集对教材的意见建议，进一步完善教材编写并做好服务工作，读者可将对本教材的意见建议通过如下渠道反馈至我社。

咨询电话　400-810-0598

反馈邮箱　hepsci@pub.hep.cn

通信地址　北京市朝阳区惠新东街4号富盛大厦1座
　　　　　高等教育出版社理科事业部

邮政编码　100029